世界发明

郭翔 / 著绘

北京理工大学出版社
BEIJING INSTITUTE OF TECHNOLOGY PRESS

图书在版编目（CIP）数据

世界发明 / 郭翔著、绘 . -- 北京 ： 北京理工大学
出版社 , 2022.10
ISBN 978 - 7 - 5763 - 1714 - 5

Ⅰ . ①世… Ⅱ . ①郭… Ⅲ . ①创造发明 – 世界 – 儿童
读物 Ⅳ . ① N19–49

中国版本图书馆 CIP 数据核字 (2022) 第 170630 号

出版发行 / 北京理工大学出版社有限责任公司
社　　址 / 北京市海淀区中关村南大街 5 号
邮　　编 / 100081
电　　话 /（010）68914775（总编室）
　　　　　（010）82562903（教材售后服务热线）
　　　　　（010）68944723（其他图书服务热线）
网　　址 / http://www.bitpress.com.cn
经　　销 / 全国各地新华书店
印　　刷 / 北京地大彩印有限公司
开　　本 / 889 毫米 × 1194 毫米　1/16
印　　张 / 4.75
字　　数 / 90 千字
版　　次 / 2022 年 10 月第 1 版　2022 年 10 月第 1 次印刷
定　　价 / 78.00 元

策划编辑 / 门淑敏
责任编辑 / 李慧智
文案编辑 / 李慧智
责任校对 / 刘亚男
责任印刷 / 施胜娟

序言

　　我们如今的生活，相比过去，方方面面都非常便捷。比如：我们生病之后能得到有效的医药治疗；我们想去哪个地方都会有便捷的交通工具可以乘坐；我们的日常食物有充足的肉蛋奶供应；我们可以用工业生产的方式大量制造出我们想要的器物；我们可以随时随地与地球上任何地方的人通信联络；我们可以观察遥远的宇宙深处，以此推演地球的过去和未来。我们生来就看到这样的世界，也渐渐习惯这一切，仿佛天然就该如此。真的是这样吗？答案是否定的。在过去相当长的一段时间里，哪怕是一位皇帝，他所能享受到的生活品质都远远不如现代的一个普通人。那究竟是从什么时候起，发生了一些什么事情，开始让这一切都变得不同了呢？

　　如果有一天，我们的孩子用他们那善于发现的眼睛和对万物的好奇心，向我们抛出这个问题，从某个角度上，我们当然可以把这一切解释为：近代以来，出现在世界各地的一些小小的发明成就。这些小发明看似简单，却并非那么容易说得清道得明。因为每个发明背后，都隐藏着一个无限精彩的大世界。

　　它们的诞生和使用，既包含着机缘巧合的幸运，又符合严谨的科学原理。它们的生产加工、历史起源，既是不可或缺的历史演变的一部分，也是人类文明进步的重要环节。我们需要一种跨领域、多角度的全景式和全程式的解读，让孩子们去认识世界的本源，同时也需要将纵向审视和横向对比的思维方式传授给孩子。

　　所幸，在这本为中国孩子特别打造的。介绍改变世界的重要发明的读物里，我们看到了这种愿景与坚持。作者在书中精心选择了显微镜、望远镜、蒸汽机、内燃机、电动机、抗生素、塑料、电话、化肥这9项发明，以直观且有趣的漫画形式，追本溯源来描绘这些发明诞生的前前后后。这本书以通俗易懂的文字和生动形象的图画，解析各项发明的制造奥秘与原理，甚至延伸到自然、历史、民俗、文化多个领域，去拓展孩子的知识面及思考的深度和广度。

　　对于孩子来说，他们每一次好奇的提问，都是一次学习和成长。所以，请不要轻视这种小小的探索，要知道宇宙万物在孩子的眼中都充满了新奇感，他们以赤子之心拥抱所有未知。

　　因此，我们希望通过这本书，去解答孩子的一些疑惑，就像交给孩子一把小小的钥匙，帮他们去开启一个个大大的世界。我们希望给孩子一双善于观察这个世界的慧眼，帮助孩子发现自我、理解世界，让孩子拥有受益终生的科学精神和人文精神。我们更希望他们拥有热爱世界和改变世界的情怀与能力。

　　所谓教育，正是从点滴开始。

科普作家　科技史博士　赵洋

目录

人类是地球的霸主，但是人类在刚刚诞生后的漫长岁月里，其实还是弱小的存在，根本无法跟一些野兽的实力相比。人类真正开始称霸世界其实是从有文字开始的，人类发展速度从此越来越快，用了5000年左右的时间，进入了科技时代，人类文明也迎来了飞速发展的时期。

　　因此，人类的真正快速发展时期是从进入科技时代开始的，而科技的快速发展离不开那些伟大的科学发明。那么，在人类科学史上有哪些具有代表意义的重大发明？

　　其实在人类数百年的科学史上，重大发明有很多，在本书中我们主要列举最有代表性的九项发明，相信这些发明大家都听说过，它们改变了我们的世界，改变了我们的生活，也让人类文明实现了质的突破。

　　下面我们就来一起看看这些重大发明是什么。

显微镜

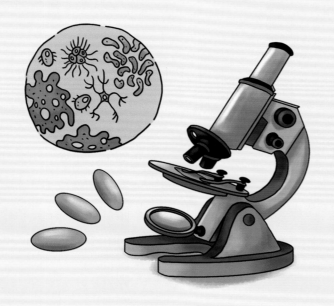

显微镜是人类最伟大的发明之一。在它发明出来之前，人类关于周围世界的观念局限在用肉眼，或者靠手持透镜帮助肉眼所看到的东西。

显微镜把一个全新的世界展现在人类的视野里，人们第一次看到了数以百计的"新的"微小动物和植物，以及从人体到植物纤维等各种东西的内部组织构造。显微镜还有助于科学家发现新物种，有助于医生治疗疾病。

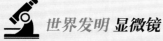
显微镜的发明

显微镜是由一个透镜或几个透镜的组合构成的一种光学仪器，显微镜的出现可以说是人类进入原子时代的标志。在它发明出来之前，人们对周围环境的观察还是靠肉眼，或者靠放大镜，并依靠这些所看到的东西建立起对世界的观念。

1 在显微镜发明之前，最厉害的凸透镜能够把物体放大几十倍，但远远不足以让我们看清很多微小东西。

2 通过凸透镜看到的放大其实是一种虚像。当物体发出的光通过凸透镜的时候，光线会以特定的方式偏折。而我们不自觉地认为它们仍然是直线传播。结果，物体就会看上去比原来大。

3 公元 13 世纪，出现了为视力不济的人准备的眼镜——一种玻璃制造的透镜片。同样，也出现了磨制这种眼镜镜片的行业。

4

大约在 16 世纪末，荷兰的眼镜商詹森和他的儿子把几块镜片放进了一个圆筒中，结果发现通过圆筒看到的附近的物体出奇的大，这就是现在的显微镜的前身。

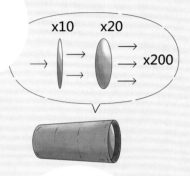

詹森制造了第一台复合式显微镜。复合式显微镜由两个凸透镜构成，一个凸透镜把另外一个所成的像进一步放大，这就是复合式显微镜的基本原理。如果一个凸透镜能放大 10 倍，另一个能放大 20 倍，那么整个镜片组合的放大倍数就是200倍。

5

差不多同一时间，另一位荷兰科学家汉斯·利珀希，也用两片透镜制作出了简易的复合式显微镜，不过和詹森父子一样，他们并没有用这些仪器做过任何重要的观察。

6

1675 年荷兰生物学家列文虎克用自己制造的可放大 270 倍的显微镜观察软木切片的时候，惊奇地发现其中存在着一个一个的"单元"结构。胡克把它们称作"细胞"。这是一个标志性的事件。

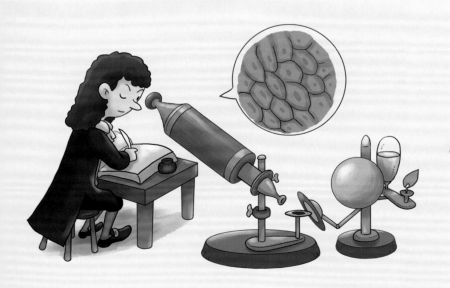

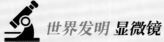

显微镜的发展

自从列文虎克改进显微镜之后，在一代又一代人的研究之下，几百年来显微镜得到了充分的完善，放大的倍数也不断增加。人们用它们观察和探索眼睛看不到的微观世界，大大地促进了社会文明的进程。

列文虎克制造的显微镜其实就是一片凸透镜，而不是复合式显微镜。不过，由于他的技艺精湛，磨制的单片显微镜的放大倍数将近300倍，超过了之前的任何一种有两个镜片的复合式显微镜。

后来他用单片显微镜又发现了十分微小的原生动物和红血球，甚至用显微镜研究动物的受精方式，但这也走到了单片显微镜能力的尽头。

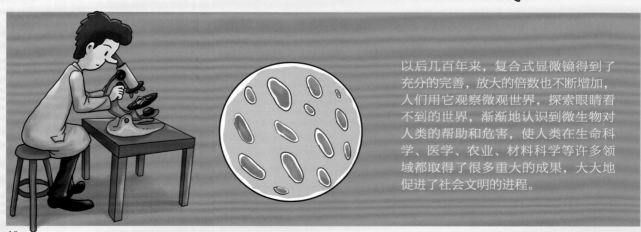

以后几百年来，复合式显微镜得到了充分的完善，放大的倍数也不断增加，人们用它观察微观世界，探索眼睛看不到的世界，渐渐地认识到微生物对人类的帮助和危害，使人类在生命科学、医学、农业、材料科学等许多领域都取得了很多重大的成果，大大地促进了社会文明的进程。

如果仅仅在纸上画图设计，自然是能够"制造"出任意放大倍数的显微镜。但是我们观察物体是依靠光线，光的波动性决定了它在越过尺寸小于二分之一光的波长的物体时，将发生衍射，无法清晰成像。所以，所有的光学显微镜，不管做得多精致，它的分辨率极限是 0.2 微米。任何小于 0.2 微米的东西都没法被看清。

x 1600

当这种依靠光学原理的复合式显微镜在把物体放大 1 600 倍之后，就再也无法放大了。原因很简单：光学显微镜已经达到了分辨率的极限。这样，人类的探索又受到了限制。

提高显微镜分辨率的途径之一就是设法减小光的波长，或者，用电子束来代替光。运动的电子和光一样，具有波动性，而且速度越快，它的"波长"就越短。如果能把电子的速度增加到足够快，并且汇聚它，就有可能用来放大物体。

1932 年，德国工程师卢斯卡制造出了世界上第一台电子显微镜。电子显微镜的出现使人类的洞察能力提高了好几百倍，不仅看到了病毒，而且看见了一些大分子，经过特殊制备的某些类型材料样品里的原子，也能够被看到。

但是，受电子显微镜本身的设计原理和现代加工技术手段的限制，目前它的分辨本领已经接近极限。要进一步研究比原子尺度更小的微观世界必须要有概念和原理上的根本突破。

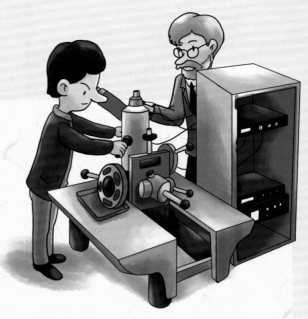

1978 年，一种新的物理探测系统——"扫描隧道显微镜"已被德国学者宾尼格和瑞士学者罗雷尔系统地论证了，并于 1982 年制造成功。这种新型的显微镜，放大倍数可达 3 亿倍，最小可分辨的两点距离为原子直径的 1/10。这已经是目前的科技水平下能放大的极限了。

鉴于这项奇妙的发明，瑞典皇家科学院决定，将 1986 年诺贝尔物理学奖授予他们两人，当年获奖的还有一人，那就是电子显微镜的发明者卢斯卡。

几百年前，列文虎克把他制作显微镜的技术视为秘密。今天，显微镜已经成了一种非常普通的工具，任何一个受过几年教育的学生都会使用光学显微镜来了解我们身边这个小小的大千世界。你会使用光学显微镜吗？

望远镜

人类从诞生的那一天起，对于宇宙星空就充满着各种幻想和向往。古时候的人们探索研究星空和宇宙，都是通过肉眼观察日月星辰的运动规律。

正是由于天文望远镜的出现，人类才能够对遥远的宇宙星空有更多的了解，才能够在未能实现星际航行之前探索宇宙的奥秘。

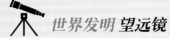
望远镜的发明及发展

望远镜使我们能够观察到离我们星球数百万公里远的行星和恒星，使我们能够看到月球表面和其他行星的气象模式，还使我们能够观察太空中的星云、尘埃和气体云。望远镜使我们对宇宙的运行有了深刻的了解，使科学得以进一步发展。

 望远镜的发明可以追溯到早期眼镜制造商。在 15 世纪，镜片在欧洲被广泛使用。不过这些镜片不结实，没有抛光，也不够清晰。由于它们的缺陷，它们对天文学观测没有用处。

到了 1608 年，伽利略在前人的基础上制作了一架口径 4.2 厘米，长约 1.2 米的望远镜。它用凸透镜作为物镜，凹透镜作为目镜，可以放大 30 倍，是当时世界上最先进的望远镜。

伽利略用他制造的望远镜第一次看到了月球上奇特的环形山，发现了木星的 4 颗大卫星，观察到了太阳黑子、金星的盈亏变化以及银河中密布的点点繁星等过去从未见到过的奇妙现象。

后来人们把这种光学系统称为伽利略式望远镜。天文学从此进入了望远镜时代。

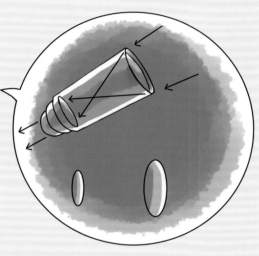

1611 年，德国天文学家开普勒用两片凸透镜分别作为物镜和目镜，使放大倍数有了明显的提高，以后人们将这种光学系统称为开普勒式望远镜。

伽利略式望远镜和开普勒式望远镜都属于折射望远镜。这种望远镜是使用最早的望远镜，所以有许多缺陷，通过它看到的景物往往变形，并且在景物周围总有一圈五彩缤纷的色晕，影响观测精度。

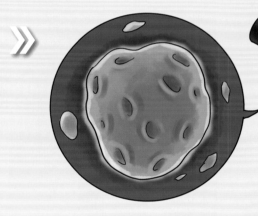

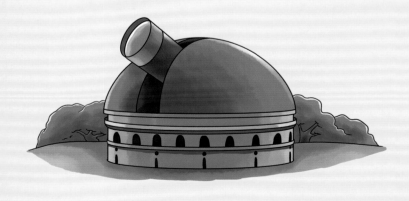

但折射望远镜也有优点，它的焦距较长，最适宜于天体测量工作。现在世界上最大的折射望远镜，是美国叶凯士天文台的望远镜，它的口径约为 102 厘米（40 英寸）。

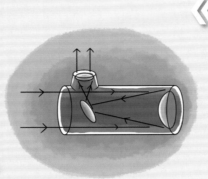

为了克服折射望远镜的这些缺陷，牛顿发明了反射式望远镜。这种望远镜利用反射原理，用凹面镜作为物镜，把来自天体的光线反射、聚集起来，不仅成像质量较高，而且还有镜筒较短、工艺制作比较容易等优点。

因此，现代大型天文望远镜大多属于这种类型。目前世界上最大的天文望远镜，是高加索山上那台口径 6 米的反射望远镜，光是镜头的玻璃就有 20 吨重，利用它可以窥见 21 等的暗星。

还有一种折反射望远镜，它是由德国光学家施密特设计出来的。这种望远镜综合了前两类望远镜的优点，视野宽，光力强，像差小，因而最适合用来研究月球、行星、彗星、星云等有视面的天体。

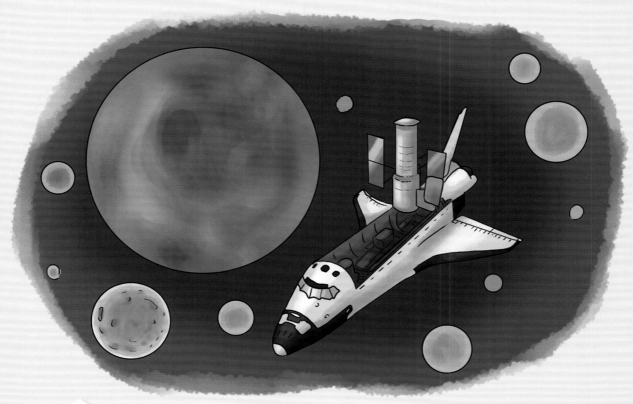

1990 年 4 月 24 日，美国航天飞机"发现"号从卡纳维拉尔角顺利升空，25 日把当时世界上最复杂的太空望远镜送入了离地球 610 千米高的圆形轨道。

这架太空望远镜就是大名鼎鼎的哈勃空间望远镜，是由美国国家航空航天局和欧洲空间局联合研制的，以美国天文学家埃德温·皮·哈勃的名字命名，以纪念他在星系天文学、宇宙结构和膨胀理论方面创造性的工作和杰出贡献。

哈勃空间望远镜外形呈圆柱状，长 13 米，直径 4.5 米，总重量为 12 吨，两侧各有一块长 12 米的大面积太阳能电池板。从远处看去，哈勃空间望远镜犹如一只滞留太空的巨大天鹰。
2021 年 12 月 25 日哈勃空间望远镜的继任者——詹姆斯·韦伯空间望远镜被发射到太空轨道。它的质量为 6.2 吨，只有哈勃空间望远镜的一半。但主反射镜口径达到 6.5 米，面积为哈勃空间望远镜的 5 倍以上，成为现在世界上最先进的望远镜。

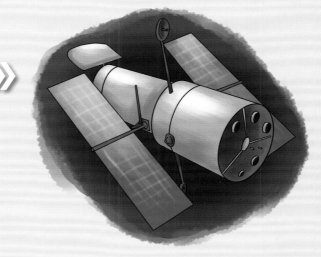

一个地面上最先进的望远镜能看清一颗 10 亿光年的恒星，太空中的詹姆斯·韦伯空间望远镜将能看到 360 亿光年外的星空，这是自 400 年前伽利略用自制的望远镜观察天体以来的一大飞跃。正是由于这些天文望远镜的出现，人类才能够对遥远的宇宙星空有了更多的了解，才能够为未来的星际航行提前做好准备。

蒸汽机

一列冒着浓烟的火车，"咣嘶咣嘶"地驰骋在广袤的大地上。这是我们经常在电视年代剧里面看到的情景。这些冒着浓烟的火车，就是蒸汽机车，它是以蒸汽为动力推动车辆快速行进的。

蒸汽机是将蒸汽的能量转换为机械功的往复式动力机械。蒸汽机需要一个使水沸腾产生高压蒸汽的锅炉，这个锅炉可以使用木头、煤、石油或天然气甚至可燃垃圾作为热源。蒸汽膨胀推动活塞做功。

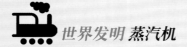

蒸汽机的发明

蒸汽机的发明，第一次大规模地把热能转变为机械能，不仅直接推动了科学基础理论的深入，推动了纺织、采矿和冶金等技术的发展，还促进工业革命以更加迅猛的势头向前推进，并深刻地改变了当时的阶级关系和社会面貌。

16 世纪末到 17 世纪后期，英国的采矿业，特别是煤矿，已发展到相当的规模，单靠人力、畜力已难以满足排除矿井地下水的要求，而现场又有丰富而廉价的煤作为燃料。现实的需要促使许多人致力于"以火力提水"的探索和试验。

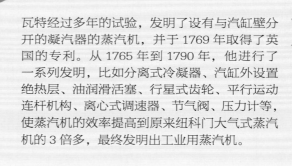

瓦特经过多年的试验，发明了设有与汽缸壁分开的凝汽器的蒸汽机，并于 1769 年取得了英国的专利。从 1765 年到 1790 年，他进行了一系列发明，比如分离式冷凝器、汽缸外设置绝热层、油润滑活塞、行星式齿轮、平行运动连杆机构、离心式调速器、节气阀、压力计等，使蒸汽机的效率提高到原来纽科门大气式蒸汽机的 3 倍多，最终发明出工业用蒸汽机。

1765 年，英国人詹姆斯·瓦特在修理纽科门大气式蒸汽机的过程中，发现了这种蒸汽机的两大缺点：活塞动作不连续而且慢；蒸汽利用率低，浪费原料。之后，瓦特开始对蒸汽机进行改良。

这种蒸汽机先在英国，后来在欧洲大陆得到迅速推广，它的改良型产品直到 19 世纪初还在制造。

1698 年，英国的萨弗里制成了世界上第一台实用的蒸汽提水机，并取得名为"矿工之友"的英国专利。他将一个蛋形容器先充满蒸汽，然后关闭进气阀，在容器外喷淋冷水使容器内蒸汽冷凝而形成真空。打开进水阀，矿井底的水受大气压力作用经进水管吸入容器中；关闭进水阀，重开进气阀，靠蒸汽压力将容器中的水经排水阀压出。待容器中的水被排空而充满蒸汽时，关闭进气阀和排水阀，重新喷水使蒸汽冷凝。如此反复循环，用两个蛋形容器交替工作，可连续排水。

萨弗里的提水机依靠真空的吸力汲水，汲水深度不能超过 6 米。为了从几十米深的矿井汲水，须将提水机装在矿井深处，用较高的蒸汽压力才能将水压到地面上，这在当时无疑是困难而又危险的。1705 年，英国的纽科门及其助手卡利发明了大气式蒸汽机，用以驱动独立的提水泵，被称为"纽科门大气式蒸汽机"。

纽科门大气式蒸汽机将蒸汽引入气缸后阀门被关闭，然后冷水被洒入气缸，蒸汽凝结时造成真空。活塞另一面的空气压力推动活塞。在矿井中连接一根深入竖井的杆来驱动一个泵。蒸汽机活塞的运动通过这根杆传到泵的活塞来将水抽到井外。

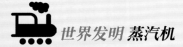
蒸汽机的应用

蒸汽机推动了机械工业甚至社会的发展，解决了大机器生产中最关键的动力问题，推动了交通运输空前的进步。随着它的发展而建立的热力学和机构学为后续汽轮机和内燃机的发展奠定了基础；同时，蒸汽机所采用的汽缸、活塞、飞轮、飞锤调速器、阀门和密封件等，均是构成多种现代机械的基本元件。

W

Watt

瓦特开辟了人类利用能源新时代，使人类进入"蒸汽时代"。后人为了纪念这位伟大的发明家，把功率的单位定为"瓦特"，简称"瓦"，符号"W"。

自18世纪晚期起，蒸汽机不仅在采矿业中得到广泛应用，在冶炼、纺织、机器制造等行业中也都获得迅速推广。它使英国的纺织品产量在20多年内增长了5倍，为市场提供了大量消费商品，加速了资金的积累，并对运输业提出了迫切要求。

1807年，美国的富尔顿制成了第一艘实用的明轮蒸汽机船"克莱蒙"号，它是靠蒸汽机产生的动力带动船两侧的明轮转运而产生推进力。此后，蒸汽机在船舶上作为推进动力历时百余年之久。

1825年9月27日，英国的史蒂芬孙亲自驾驶他同别人合作设计制造的"旅行者号"蒸汽机车在新铺设的铁路上试车，并获得成功。蒸汽机在交通运输业中的应用，使人类迈入了"火车时代"，迅速地扩大了人类的活动范围。

蒸汽机的最大的优点是它几乎可以利用所有的燃料将热能转化为机械能，对燃料不挑剔。

蒸汽机的弱点是：离不开锅炉，整个装置既笨重又庞大；它是一种往复式机器，惯性限制了转速的提高；工作过程是不连续的，蒸汽的流量受到限制，也就限制了功率的提高。

世界发明 蒸汽机

工业革命

工业革命是以机器取代人力，以大规模工厂化生产取代个体工场手工生产的一场生产与科技革命，也是能源转换的革命。

18世纪末19世纪初，英国人瓦特改良了蒸汽机之后，一系列技术革命引起了从手工劳动向动力机器生产的转变。随后向英国甚至整个欧洲大陆传播，最后传至北美。

在瓦特改良蒸汽机之前，社会上所有工厂的主要生产动力依靠的都是人力和畜力。伴随蒸汽机的发明和改进，工厂不再依河流或溪流而建，很多以前依赖人力与手工完成的工作，自蒸汽机发明后被机械化生产取代。工业革命是一般政治革命所不可比拟的巨大变革，其影响涉及人类社会生活的各个方面，使人类社会发生了巨大的变革，对推动人类的现代化进程起到了不可替代的作用，把人类推向了崭新的"蒸汽时代"。

由于蒸汽机的发明及运用成为这个时代的标志，因此历史学家称这个时代为"机器时代"。

蒸汽机、煤、铁和钢是促成工业革命技术加速发展的四项主要因素。英国是最早开始工业革命也是最早结束工业革命的国家。

蒸汽机的出现和改进促进了社会经济的发展，但同时经济的发展反过来又向蒸汽机提出了更高的要求，如要求蒸汽机功率大、效率高、重量轻、尺寸小等。尽管人们对蒸汽机做过许多改进，不断扩大它的使用范围和改善它的性能，但蒸汽机因存在不可克服的弱点而逐渐衰落。

其后，抛弃了笨重锅炉的内燃机，最终以其重量轻、体积小、热效率高和操作灵活等优点，在船舶和机车上逐渐取代了蒸汽机。汽轮机则以其热效率高、单机功率大、转速高、单位功率重量轻和运行平稳等优点，将蒸汽机排挤出了电站。

接着电动机又以其使用方便，代替了蒸汽机在工业设备中的应用。

内燃机

　　内燃机，是一种动力机械，它是通过使燃料在机器内部燃烧，并将其放出的热能直接转换为动力的热力发动机。内燃机有非常广泛的应用，车辆、船舶、飞机、火箭等的发动机基本都是内燃机。

　　内燃机将燃料和空气混合，输入汽缸内部的高压燃烧室燃烧，释放出的热能使气缸内产生高温高压的燃气。燃气膨胀推动活塞做功，再通过曲柄连杆机构或其他机构将机械功输出，驱动从动机械工作。

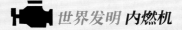

内燃机的发明与应用

内燃机从发明到应用，经历了一段非常漫长的时间。一直到现在，各国科学家们还在为改良出更好的内燃机而不断地努力。内燃机是工业领域的核心动力源，在未来较长一段时间内仍将发挥不可替代的重要作用。

1670 年，荷兰的物理学家惠更斯发明了采用火药（固体燃料）在气缸内燃烧膨胀推动活塞做功的机械，即"内燃机"。用火药作为燃料的火药发动机是现代"内燃机"原理的萌芽。

1801 年，法国化学家菲利普·勒本，采用煤干馏得到的煤气和氢气做燃料，制成了将煤气和氢气与空气混合后点燃产生膨胀力推动活塞的发动机，这项发明被誉为内燃机发展史上开拓性的一步。

1876 年德国发明家奥托设计制成了世界上首台以煤气为燃料的四冲程内燃机，在当时很长一段时间内，人们将四冲程循环称为"奥托循环"。

随着石油的开发，比煤气易于运输携带的汽油和柴油引起了人们的注意。1883年，德国的戴姆勒创制成功第一台立式汽油机，它的特点是轻型和高速。当时其他内燃机的转速不超过每分钟200转，它却一跃而达到每分钟800转，特别适应交通运输机械的要求。

1886年，汽油机作为动力被安装在改装过的马车车厢上，并且运行成功，从此马车就逐渐退出了交通运输领域，而汽车大发展的时代开始了。

汽车的不断发展，对内燃机提出了越来越高的要求，促使内燃机不断地提升性能，同时，内燃机的不断改进又促进了汽车新的发展。

在接下来的一百多年里，这种相互促进的模式，使汽车工业突飞猛进地发展起来，人类进入"汽车时代"。

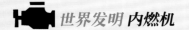

1892 年，德国工程师狄塞尔研制成功压缩点火式内燃机，为内燃机的发展开拓了新途径。压缩点火式内燃机的问世，引起了世界机械业的极大兴趣，压缩点火式内燃机也以发明者的名字命名为狄塞尔引擎。这种内燃机以后大多用柴油为燃料，故又称为柴油机。

随着能源工业的发展，出现了各种各样的燃料。为了追求经济效益，内燃机也发展出能使用各种不同能源的发动机。根据所用燃料不同，分为汽油机、柴油机、燃气机、乙醇发动机等，还有双燃料发动机和灵活燃料发动机。

内燃机热效率高、功率范围大、适应性好，被广泛应用于交通运输、工业、农业和军事、备用电站等行业。但同时，内燃机的广泛使用对环境的污染也越来越严重。人们现在谈论最多的就是"汽车尾气污染"。内燃机的最重要排放物是二氧化碳、水汽和一些炭黑颗粒物。取决于工作状况和油气比例，内燃机还会排放一氧化碳、氮氧化物、硫化物（主要是二氧化硫）和一些未燃烧的碳氢化合物。

随着科技的发展，高效节能型内燃机将是以后的发展方向，同时还必须开发利用洁净的代用燃料。随着现代电子技术的迅猛发展，将内燃机与电子技术相结合，内燃机电子控制技术必将会在内燃机工作中取得更大的应用率。其控制面会更宽，控制精度会更高，智能化水平也会更高，这样就可以取得更高的工作效率和更好的工作效果。

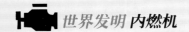

内燃机的发明，其意义远远超过瓦特对蒸汽机的改良，它造就了20世纪的石油世纪，使石油变成了战略资源，各国开始了对能源的争夺。内燃机是工业领域的核心动力源，在未来较长一段时间内仍将发挥不可替代的重要作用。

电动机

电动机又称为马达或电动马达，是把电能转换成机械能，再利用机械能产生动能，用来驱动其他装置运动的一种设备。

随着蒸汽机的发明和应用，人类开始了"工业革命"，并创造了巨大的生产力，人类进入"蒸汽时代"。

而电动机的发明和应用开创了"第二次工业革命"，人类由此进入"电气时代"。

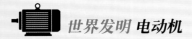

电动机的发明

电动机充满着我们生活的各个角落。在家里，几乎所有你可以看得见的机械运动都是由电动机引起的。电动机向我们证明，它一直都是这个时代最好的发明之一。

你知道你的周围有多少东西是靠电动机在运行的吗？我们天天看到的钟表、吸油烟机、洗衣机、电风扇、吹风机、吸尘器、榨汁机、电动车，等等，它们的核心部件都是电动机。

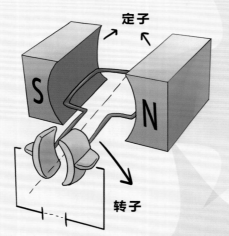

不管是什么样的电动机，它之所以能旋转起来，都是利用了同一个原理：通电线圈产生旋转磁场并作用于转子形成磁电动力旋转扭矩。

发现这一原理的是丹麦物理学家——奥斯特。他长期探索电与磁之间的联系，1820年4月终于发现了电流对磁针的作用，即电流的磁效应，同年7月21日以《关于磁针上电冲突作用的实验》为题发表了他的发现。这篇短短的论文开辟了物理学的新领域——电磁学。

1821年9月3日，英国物理学家、化学家法拉第在重复奥斯特"电生磁"实验的时候，制造出了人类史上第一台最原始的电动机的雏形——一种在水银杯中固定的磁铁围绕固定的通电导线连续旋转的装置。

虽然装置简陋，但它却是今天世界上使用的所有电动机的祖先。这是一项重大的突破。只是最初它的实际用途还非常有限，因为当时除了用简陋的电池以外别无其他方法发电。

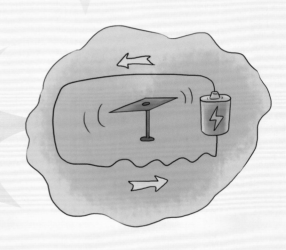

1828年，物理学家阿尼斯·杰德里克展示了他的发明，一台自激式电磁转子旋转直流电动机。它采用水银槽换向器以及永久磁铁产生的固定磁场和旋转绕组。这是世界上第一台实用的电动机。后来存放在布达佩斯应用艺术博物馆，现在仍能运转。匈牙利和斯洛伐克把他誉为电动机和发电机的"幕后之父"。

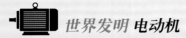

电动机的发展及应用

电动机的应用使得工业生产发生了重大的变革，每一台机器都可以装备它自己的电动机，使控制更为简便，并且提高了传输效率。回顾电动机的发展历史，可以更加认识到电动机对日常生活的作用，更能体会科技所带来的变革性力量。

1873 年，比利时人格拉姆发明大功率电动机，电动机从此开始大规模用于工业生产。

1881 年，德国以西门子公司为核心，着手研究由电动机驱动的车辆，西门子公司制成了世界最早的电车。但当时的电动机全是直流电机，只限于驱动电车。

1888 年，美国发明家尼古拉·特斯拉发明了交流电动机。它是根据电磁感应原理制成的，又称感应电动机。这种电动机结构简单，使用交流电，无需整流，无火花。

电动机和内燃机、蒸汽机相比而言，体积小，工作效率高，没有烟尘、气味，不污染环境，噪声也较小，具有极其远大的发展空间。由此，拉开了电气化时代取代蒸汽机时代的序幕。

U W' 定子
V'
转子
W V
U'

定子绕组 转子

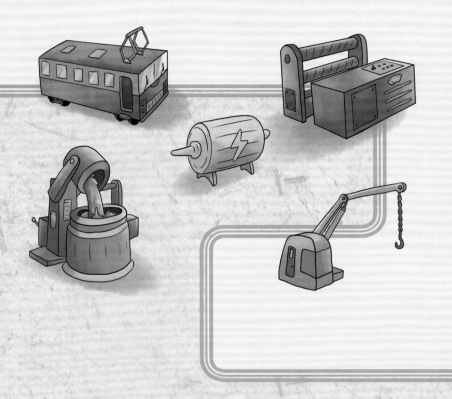

电动机根据工作电源的不同，分为直流电动机和交流电动机。最早以直流电动机应用范围最广，其过载能力强、起动扭矩大、制动扭矩大，被广泛应用于电力机车、无轨电车、轧钢机、机床和各种起重设备中。但直流电动机中的碳刷和换向器的滑动接触易造成机器磨损和火花，致使其故障多、可靠性低、寿命短、保养维护工作量大。

20 世纪 80 年代中期以后，传统直流电动机即渐渐被淘汰，取而代之的是交流电动机。交流电动机的工作效率较高，又没有烟尘、气味，不污染环境，噪声也较小，在工农业生产、交通运输、国防、商业及家用电器、医疗电器设备等各方面得到了非常广泛的应用。

从传统交流电动机的模拟控制进化到现今数字控制电动机的出现，各种电动机的技术不断演化、改进，至目前为止，交流电动机仍是工业动力上使用最为普遍的电动机类型。

电气时代

 18世纪60年代人类开始了工业革命，并创造了巨大的生产力，随着蒸汽机的发明和应用，人类进入"蒸汽时代"。100多年后人类社会生产力发展又有一次重大飞跃。人们把这次变革叫作"第二次工业革命"，人类由此进入"电气时代"。

它给世界带来了重要的影响。发电机和电动机在社会各个层面的普及，给广大民众带来生活上的便利的同时，也使得西方国家的军事、经济实力得到了飞速的增长。

这场革命的进行也为后面的世界局势带来了重要的改变，同时也使得那些帝国主义国家之间的竞争愈来愈激烈。

在"第二次工业革命"中，电动机的发明和应用是一个很重要的因素。

从电动机的发明到现在，近一个世纪以来，电动机的基本结构其实并没有大的变化，但是电动机的类型却有了很大发展，在运行性能、经济指标等方面也都有了很大的改进和提高，而且随着自动控制系统和计算装置的发展，在一般旋转电动机的理论基础上又发展出许多种高可靠性、高精度、快速响应的控制电动机。

未来，如何得到更高效、更环保的动能，是我们需要不断努力的方向。

抗生素

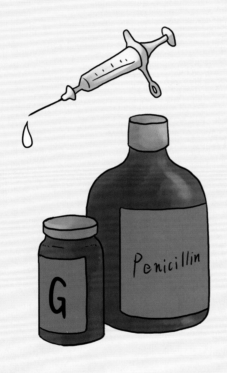

　　抗生素是指由微生物或高等动植物在生活过程中所产生的，具有抗病原体或其他活性的一类次级代谢产物，能干扰其他生活细胞发育功能的化学物质。

　　现在我们生病后常用的抗生素有青霉素、头孢、诺氟沙星等，是不是对这些名字很熟悉？这些抗生素对我们生病后身体的康复起到了非常大的作用。

抗生素的发明

很早以前，人们就发现某些微生物对另外一些微生物的生长繁殖有抑制作用，并把这种现象称为抗生。从某些微生物体内找到的具有抗生作用的物质，则被称为抗生素。

1 抗生素是在 20 世纪初才被科学家发明的，在抗生素发明之前，医生们认识到一切疾病的根源都来自细菌，一旦我们的身体露出破绽，就会让细菌有机可乘。很多疾病是因为感染而引起的，但人们对此却束手无策。结核病、肺炎、伤口感染都是不治之症，常常导致非常多的病人死亡。

2 1928 年，英国的微生物学家亚历山大·弗莱明在打算丢弃一块被青霉菌污染的培养皿时发现，培养皿内，在青霉菌周围，细菌无法生长，而在其他地方却生长旺盛。原来，青霉菌分泌的少量黄色液体，可以杀死周围的菌株。在当时，由于技术的限制，弗莱明无法提纯这种黄色液体。于是，写了一篇论文，论述了他缜密的实验经过。

3 10 年后，德国的生物学家厄恩斯特·鲍里斯·钱恩意外发现了这篇论文，经过反复试验，用冻干法成功制得了一种干燥的物质和溶剂，让药物的提取变为可能。在老鼠身上的实验显示，青霉素能够杀灭细菌，对抗感染，挽救生命。这虽然是一个重大突破，但离临床应用还差得很远。

4 1941 年牛津大学病理学教授霍德华·瓦尔特·弗洛里在一种甜瓜上发现了可供大量提取青霉素的霉菌，并用玉米粉调制出了相应的培养液。在这些研究成果的推动下，美国制药企业于 1942 年开始对青霉素进行大批量生产。

5 青霉素的发现，可以说是人类抗菌史上重要的里程碑。1945 年，弗莱明、弗洛里与钱恩因此获得了诺贝尔生理学或医学奖。

6 青霉素在第二次世界大战末期横空出世，直接扭转了战争局势。战争期间，防止战伤感染的药品是十分重要的战略物资，当时，美国把青霉素的研制放在同研制原子弹同等重要的地位。

7 战后，青霉素得到了更为广泛的应用，拯救了数以千万人的生命，成为第一个作为治疗药物应用于临床的抗生素，从此开创了抗生素时代。

抗生素的发展

由于最初发现的一些抗生素主要对细菌有杀灭作用，所以抗生素也一度被称为"抗菌素"。但是随着抗生素的不断发展，抗病毒、抗衣原体、抗支原体，甚至抗肿瘤的抗生素也纷纷被发现并应用于临床，显然称为"抗菌素"就不妥了，于是"抗生素"的名称就显得更加符合实际了。

青霉素虽然能治愈许多细菌感染性疾病，但也存在一些问题：青霉素到达胃部，会遭到胃酸的破坏；青霉素使用后，很快便经肾脏排出，作用时间短暂。

有些人对青霉素过敏，如不及时发现并采取抢救措施，有可能危及生命。这些存在的问题，促使科学家们更加努力地去寻找新的、更好的抗生素。

虽然青霉素对治疗感染产生了不可思议的作用，但对当时危害人类最大的传染病之一——肺结核，却无济于事。肺结核被称为"白色瘟疫"，患上结核病就意味着被判了死刑。

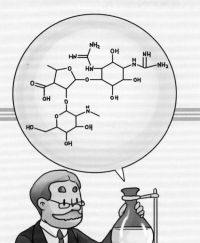

直到 1947 年，美国微生物学家瓦克斯曼在放线菌中发现，并且制成了链霉素——第一个能够有效治疗人类肺结核的药物，从而对肺结核的治疗迈出一大步。他也因此获得诺贝尔生理学或医学奖。

随后，在 1947 年氯霉素被发现，1949 年新霉素被发现，1950 年土霉素被发现，1952 年红霉素被发现，1953 年四环素被发现，1959 年头孢菌素被发现，1980 年喹诺酮类被发现……各种抗生素相继被发现。

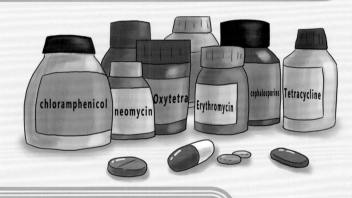

抗生素问世以来，使许多曾经严重危害人类健康的疾病，如猩红热、化脓性咽喉炎、白喉、梅毒、淋病，以及各种结核病、败血病、肺炎、伤寒、痢疾、炭疽病菌等，都得到有效的抑制，让那些染上这些严重疾病的患者，重新燃起了生的希望。

如今，抗生素不仅应用于医疗领域，更广泛应用于养殖业。为了让饲养的禽畜类和水产品不得病，饲养人员在饲料里拌入抗生素已经成为日常的养殖方式。

抗生素产生杀菌作用主要有四种机制：

抑制细菌细胞壁的合成，导致细菌细胞破裂而死亡。

与细胞膜相互作用而影响膜的渗透性，使菌体内重要物质外漏而死亡。

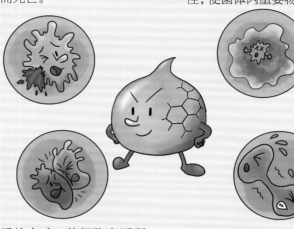

干扰蛋白质的合成，使细胞存活所必需的酶不能被合成。

抑制细菌核酸的复制和转录，进而阻止细胞分裂和所需酶的合成。

抗生素在迅速变成大家最熟悉药物的同时，却变成了最容易被"滥用"的药物。凡是超时、超量、不对症使用或未严格规范使用抗生素，都属于滥用。正是由于药物的滥用，使细菌迅速适应了抗生素的环境，各种"全耐药细菌"，也就是"超级细菌"相继问世。

随着抗生素的广泛使用甚至滥用，目前细菌对抗生素的耐药性问题已十分严重，抗生素耐药性正在对人类健康构成威胁。我们在生病时，一定要听从专业医护人员的建议，不要擅自乱用抗生素。

塑料

塑料是一种通过加聚或缩聚反应聚合而成的高分子化合物，也是我们生活中极为常见的物质，在经济上又相当廉价，几乎家庭里的所有用品都可以由某种塑料制造出来。

塑料的使用虽然便利，但它在土壤里至少需要200年以上才会分解，对土壤的污染极为严重。

塑料的发明

塑料是一类具有可塑性的合成高分子材料。相对于金属、石头、木材，塑料具有成本低、可塑性强等优点，它与合成橡胶、合成纤维并称为三大合成材料。自从塑料被发明，多年来塑料制成品的生产在世界各地高速地发展，成为我们日常生活中不可缺少的部分。

Plastic

1

塑料的英文名称"plastic"来自希腊语"plastikos"，意思是"成型""可成型""具有可塑性"。"塑料"的中文字面意思，也就是具有可塑性的材料。

2

塑料的主要成分是合成树脂，或称"高分子聚合物"。合成树脂约占塑料总重量的40%～100%。塑料由合成树脂及填料、增塑剂、稳定剂、润滑剂、色料等添加剂组成，其抗形变能力中等，介于纤维和橡胶之间。有些塑料基本上是由合成树脂所组成，不含或少含添加剂，如有机玻璃、聚苯乙烯等。

3

一说起塑料，大家肯定能举出很多例子来：塑料袋、塑料瓶、塑料玩具、塑料盒、塑料椅、塑料桌，等等。是不是发现，塑料物品已经占据了我们生活的各个角落？

4

我们现在最常用的塑料制品就是塑料袋。它轻便、耐用、防水，而且成本很低。大家都已经习惯用塑料袋来装提东西，特别是在菜市场和超市，好像没有塑料袋，我们都没法把东西拿回家了。在塑料没有发明之前，人们是用什么装东西的呢？

5

买肉的时候用得最多的是麻绳，卖家把顾客需要的肉块钻个小洞，用麻绳打个结，就可以拎回家了。没法用绳拴的东西，店家就用纸，也有的用叶子，包起来。

6

当然买的东西多了，用的最普遍的还是"菜篮子"——一种竹编的可手提的篮子。竹篮还算轻便，可它的大小是固定的，篮子如果太小，装不了什么东西；篮子太大，又占地方。

7

塑料的诞生，其实和台球还有关系。过去的台球是用象牙做的，那是有钱阶层的娱乐活动。到 19 世纪，台球在美国非常盛行，但当时非洲的大象不断减少，制作台球的象牙变得越来越难得。

8

为了发明出一种代替象牙制作台球的材料，美国人 J.W.海厄特经过无数次失败的实验，终于在 1869 年发现，当在硝化纤维中加进樟脑时，硝化纤维竟变成了一种柔韧性相当好的又硬又不脆的材料。在热压下可成为各种形状的制品，当真可以用来做台球。他将它命名为"赛璐珞"。

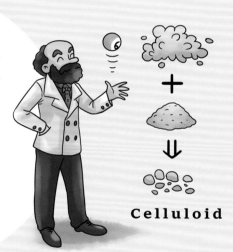

Celluloid

9

1872 年，海厄特在美国纽瓦克建立了一个生产赛璐珞的工厂，除用来生产台球外，还用来做马车和汽车的风挡及电影胶片，从此开创了塑料工业的先河。1877 年，英国也开始用赛璐珞生产假象牙和台球等塑料制品。后来海厄特又用赛璐珞制造箱子、纽扣、直尺、乒乓球和眼镜架。

10

赛璐珞作为最古老的塑料制品，其主要成分硝化纤维，极易燃烧，稳定性差，易开裂。而第一种完全合成的塑料出自美籍比利时人列奥·亨德里克·贝克兰，1907 年 7 月 14 日，他注册了酚醛塑料的专利。

11

酚醛塑料的主要成分是酚醛树脂，酚醛树脂以煤焦油为原料合成，是世界上第一种人工合成的树脂。向粉状的酚醛树脂中添加木屑混合均匀后在高温高压下模压成型就得到了酚醛塑料。酚醛塑料是人类所制造的第一种全合成材料，它的诞生标志着人类社会正式进入了塑料时代。

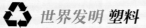

12

由于第二次世界大战中石油化学工业的发展，石油取代煤炭成为制作塑料的原料，塑料制造业也得到飞速的发展。

13

塑料发明出来至今，已逾百年，塑料已成为与钢材、水泥、木材并驾齐驱的基础材料，而其使用领域已远远超越上述三种材料。

14

塑料制品应用最大的领域之一就是包装行业。塑料包装材料主要包括塑料软包装、编织袋、中空容器、周转箱等。塑料包装材料具有重量轻、强度大、抗冲击性好、透明、防潮、美观、化学性能稳定、韧性好且防腐蚀等优点，在包装领域广泛取代了金属、木材、纸张、玻璃、皮革等。

15

有人说，塑料是人类历史上最伟大的发明，同时也是人类历史上最糟糕的发明。因为塑料有一个致命的弱点，那就是它的自然降解时间长。就算深埋地底200年，也不见得能腐烂溶解。

世界发明 **塑料**

16 塑料的不易降解性，导致其作为废弃物填埋地下后长期存在，破坏了土壤的通透性，使土壤板结,影响植物生长。而塑料包装，往往消费一次即被丢弃，塑料包装废弃物成为一个越来越突出的环境问题，形成了所谓的"白色污染"，对人类生存环境造成很大威胁。

17 如今，我们急需寻找一条降解塑料垃圾的好办法，塑料垃圾的解决关乎地球的未来，关乎我们人类的生存。你愿意成为解决地球难题的那个人吗？

电话

通信永远是人与人之间相互联系最重要的方式，几千年来，人类的通信技术曾长期停滞不前，直到电出现之后，电话这种高效的通信工具随之发明。

电话的问世，使我们的生活发生了翻天覆地的变化。它的存在使距离不再是沟通、交流的阻碍。

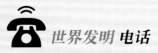

电话发明之前的世界

人与人之间的相互联系是人类最基本的需求之一。通过这些联系就能建立起陌生人之间的社会协作，进而构建出人类社会，而越高效、越精确的通信方式所建立起来的社会协作也就越庞大。

1 实现远距离沟通最原始的办法就是用最大的嗓音喊，但是听的人要是离得太远，就会听不清楚。另外还有一个问题，就是旁边所有的人也都听到了你们的沟通内容。

2 后来人们通过鼓声来通信，双方约定不同的鼓点节奏代表不同的意思。一面做得巨大的鼓确实比嗓子发出的声音要大得多，传播的距离也要远得多，但依然很有限，而且会受到风速的影响，传递的也只能是事先约定好的简单信息。

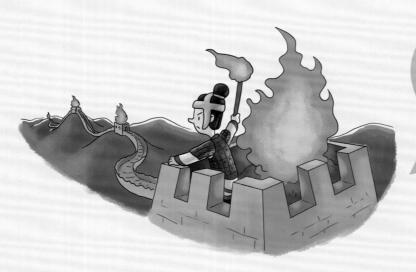

3 后来人们通过烟火来传递信息，烟火信号的传播距离是比声音要远多了，可能传递的内容也变得只能是极其简单的信息。

4 把要通信的内容直接写下来让人送过去，这倒是个好办法，可以想说什么就写什么，但是又有一个新的问题，那就是送信的人要是走得慢，收信的人就需要等上很久才能知道通信的内容。

5 那就让送信的人骑上马，这样马跑起来会快一点，但马一直跑就会累死。那就一路上设置很多换马的驿站，用接力跑的方式送信；可这样一来要花很多钱，每一封信的成本变得非常高。

6 又有人想出了驯服动物来代替人送信，比如方向感比较强的鸽子。这样的话，成本低了许多，而且鸽子飞得比马快，但是，鸽子很容易在路上出现各种意外，这样信又送不到了。

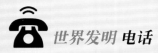

电话的发明

几千年来，人类的通信技术曾长期停滞不前，直到电的出现。欧洲的科学家在18世纪逐渐发现电的各种特质，同时开始有人研究使用电来传递信息的可能。

1 1837年，美国画家塞缪尔·摩尔斯设计出了著名的"摩尔斯电码"，利用"点""画"和"间隔"的不同组合来表示字母、数字和标点符号，并研制了早期的电磁式电报机。

2 电磁式电报机的发报装置很简单，由电键和一组电池组成。按下电键，便有电流通过。按的时间短促表示点信号，按的时间长些表示横线信号。它的收报机装置较复杂，是由电磁铁及有关附件组成。当有电流通过时，电磁铁便产生磁性，这样由电磁铁控制的笔也就在纸上记录下点或横线。这台发报机的有效工作距离为500米。之后，摩尔斯又对这台发报机进行了改进。

3 1844年3月，美国国会拨款3万美元，在华盛顿与巴尔的摩两个城市之间，架设了一条长约64公里的电报线路。5月24日，摩尔斯发出了从华盛顿到巴尔的摩城的由"嘀""嗒"声组成的世界上第一份长途有线电报："上帝创造了何等奇迹！"

4

摩尔斯电报的成功轰动了世界，电报很快风靡全球。但是摩尔斯电报也有其缺点，它只能利用电缆传递信息，然后利用电报机接收信息；而且从发报人到收报人需要利用专门的电码译本，经过文字和数字两次翻译才能把信息传递过去，而且发报人不能立即获得收报人的反馈信息，操作非常麻烦。

5

能否制造出一种直接传递人的语言的装置，把人说话的声音通过导线传到很远的地方呢？早在 1796 年，在人类还没有掌握电的年代，休斯就提出了用话筒接力传送语音信息的办法。虽然这种方法不太切合实际，但他给这种通信方式的命名——Telephone，一直沿用至今。

6

1850 年至 1862 年，意大利人安东尼奥·梅乌奇制作了几种不同形式的声音传送仪器，称作"远距离传话筒"，但其流传下来的资料非常少。2002 年 6 月 15 日，美国议会通过议案，认定安东尼奥·梅乌奇为电话的发明者。但目前，大家公认的电话发明人是美国人亚历山大·格拉汉姆·贝尔。

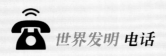
7

1876 年，美国人贝尔发明了电话机。他用两根导线连接两个结构完全相同、在电磁铁上装有振动膜片的送话器和受话器。送话器和受话器由一圈电线、一个磁臂和一块绷紧的薄膜组成。声音振动薄膜，再振动磁臂，磁石的移动令线圈产生波动的电流。这个电流信号可利用线路另一端的相同装置再转换回声音。1876 年 3 月 7 日，贝尔获得电话发明专利。

8

1877 年，在波士顿和纽约之间架设的第一条电话线路开通了，两地相距 300 公里。也就在这一年，有人第一次用电话给《波士顿环球报》发送了新闻消息，从此开始了公众使用电话的时代。

9

最初的电话并没有拨号盘，所有的通话都是通过接线员进行，由接线员为通话人接通正确的线路。1879 年年底，电话号码出现。当时马萨诸塞州流行麻疹，一位内科医生因担心一旦接线员病倒造成全城电话瘫痪而提出了给用户编上号码的建议。

10

贝尔的电话机虽然实现了两端通话，但通话距离短、效率低。最初的电话机是由微型发电机和电池构成的磁石式电话机，打电话时，使用者用手摇微型发电机发出电信号呼叫对方，对方启机后构成通话回路。后来，1877年爱迪生发明了碳素送话器和诱导线路后通话距离延长了。

11

1880年出现共电式电话机，改由共电交换机集中供电，省去手摇发电机和干电池。

12

1891年出现了旋转拨号盘式自动电话机，它可以发出直流拨号脉冲，控制自动交换机动作，选择被叫用户，自动完成交换功能。从而把电话通信推向一个新阶段。

13

到20世纪60年代末期出现了按键式全电子电话机。除脉冲发号方式外，又出现了双音多频发号方式。随着程控交换机的发展，双音多频按键电话机逐步普及。

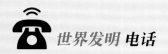
14

电子电话机电路向集成化迈进，话机专用集成电路广泛用于话机电路各组成部分。各种多功能电话机和特种用途电话机也应运而生。到 20 世纪 90 年代初，已有了将拨号、通话、振铃三种功能集于一块集成电路上的电话机。

15

同时，随着无线电技术的发展，有线电话逐步向无绳电话转变，出现了电话子母机、小灵通等。21 世纪，随着互联网技术的发展，电话从最初的实时通话功能发展为集通话、视频、娱乐、办公等全方位服务人类的多媒体智能移动电话。

电话的问世，使我们的生活发生了翻天覆地的变化。它的存在使距离不再是沟通、交流的阻碍。不管多远，不到一分钟信息便可传入对方耳中，如此速度，让我们不得不惊叹于它的魅力。人类通信方式从古至今的变迁说明了想象力的重要性，像我们今天的手机不就是古代神话传说中的"千里眼"和"顺风耳"吗？来，让我们再次发挥自己的想象力吧！

化肥

化肥是用化学或物理方法制成的肥料，它含有一种或几种农作物生长需要的营养元素，也称无机肥料，包括氮肥、磷肥、钾肥、微肥、复合肥料等。

它们具有以下一些共同的特点：成分单纯，养分含量高；肥效快，肥劲猛。化肥是现代农业中不可缺少的重要元素。

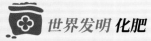

化肥的发明

在传统农业中，土壤中的营养元素氮、磷、钾通常不能满足作物生长的需求，农作物的产量往往受到限制。自从化肥发明后，全球粮食产量随着化肥的普及开始上升，越来越多的人摆脱了饥饿的威胁。

《 在化肥出现之前，千百年来，不论是欧洲还是亚洲，人们都把粪肥当作主要肥料。

粪肥虽好，但粪肥中含有的病原菌和虫卵，却通过施肥途径，在人群中进行循环传播。简单堆放的粪肥，虫卵死亡率低，且有恶臭；粪肥产生的大量沼气，还能引起人的窒息死亡。 》

根据古希腊传说，用动物粪便做肥料是大力士赫拉克勒斯首先发现的。赫拉克勒斯是众神之主宙斯之子，是一个半神半人的英雄，他曾创下12项奇迹，其中之一就是在一天之内把伊利斯国王奥吉阿斯养有300头牛的牛棚打扫得干干净净。他把艾尔菲厄斯河改道，用河水冲走牛粪，沉积在附近的土地上，使农作物获得了丰收。当然这是神话，但也说明当时的人们已经意识到粪肥对作物增产的作用。

进入 18 世纪以后，世界人口迅速增长，同时在欧洲爆发的工业革命，使大量人口涌入城市，加剧了粮食供应紧张，从而成为社会动荡的一个起因。

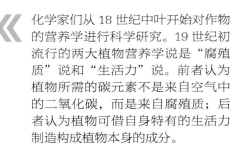

化学家们从 18 世纪中叶开始对作物的营养学进行科学研究。19 世纪初流行的两大植物营养学说是"腐殖质"说和"生活力"说。前者认为植物所需的碳元素不是来自空气中的二氧化碳，而是来自腐殖质；后者认为植物可借自身特有的生活力制造构成植物本身的成分。

1828 年，德国化学家维勒在世界上首次用人工方法合成了尿素。按当时化学界流行的"活力论"观点，尿素等有机物中含有某种生命力，是不可能人工合成的。维勒的研究打破了无机物与有机物之间的绝对界限。但当时人们尚未认识到尿素的肥料用途。直到 50 多年后，合成尿素才作为化肥投放市场。

1838 年，英国乡绅劳斯用硫酸处理磷矿石制成磷肥，成为世界上第一种化学肥料。

1840 年，德国著名化学家李比希出版了《化学在农业及生理学上的应用》一书，创立了植物矿物质营养学说和归还学说，认为只有矿物质才是绿色植物唯一的养料，有机质只有当其分解释放出矿物质时才对植物有营养作用。李比希还指出，作物从土壤中吸走的矿物质养分必须以肥料形式如数归还土壤，否则土壤将日益贫瘠。

1850 年前后，那个英国乡绅劳斯又发明出最早的氮肥。

1909 年，德国化学家哈伯与博施合作发明了"哈伯－博施"氨合成法，解决了氮肥大规模生产的技术问题。

从 20 世纪初到 50 年代，化肥工业处于发展阶段，化肥生产技术不断进步，品种增多，产量增大，并逐步发展成为一个工业部门。50 年代以后，化肥在农业领域得到了大规模应用。据统计，在各种农业增产措施中，化肥的作用占大约 30%。

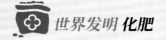

施肥不仅能提高土壤肥力，而且也是提高作物单位面积产量的重要措施。化肥是农业生产最基础而且是最重要的物质投入。据联合国粮农组织(FAO)统计，化肥对农作物增产的贡献率为40%～60%。中国能以占世界7%的耕地养活占世界22%的人口，可以说化肥起到了举足轻重的作用。

所有的事物都有其两面性，化肥让农作物增产的同时，也对我们的环境造成了一定的影响。从化肥的原料开采到加工生产，总是会给化肥带进一些重金属元素或有毒物质。另外，利用废酸生产的磷肥中还会带有三氯乙醛，对作物造成毒害。研究表明，无论是酸性土壤、微酸性土壤还是石灰性土壤，长期施用化肥还会造成土壤中重金属元素的富集，使土壤中的微生物活性降低，物质难以转化及降解。长期施用化肥能加速土壤酸化，致使土壤营养失调。

随着经济发展和人民生活水平的提高，建设环境友好型社会是人类重要的目标。化肥行业的环境保护应与发展循环经济结合起来，对磷矿、钾矿应实现科学开发、综合利用；应提高化肥生产的技术和装备；对生产过程中产生的废气物应进行再利用；应大力推广测土施肥、配方施肥，提高肥料利用率，减少资源浪费和化肥施用对环境的影响。